角色介绍

爸爸

年龄：34岁

职业：机械工程师

特点：大小孩，常放下身份和孩子们一起玩，但又会不时提醒自己恢复爸爸的样子

特特

年龄：7岁

小学一年级的学生

特点：好奇心强，喜欢探索，有时候很淘气，有时候很懂事

菲菲

年龄：3岁

幼儿园小班的学生

特点：活泼可爱的小大人，喜欢提一些稀奇古怪的问题

内 容 提 要

　　暑假的一天，特特和菲菲跟着爸爸来到建筑工地上参观。他们看到，工地上的工人们忙忙碌碌，各种车辆进进出出，各种机械设备也在紧张而有序地运作……建筑工地上好热闹呀！砖瓦工是怎样工作的？水泥是什么？如何将墙砌得又直又稳……

　　通过阅读本书，让孩子们认识建筑工地的场景，建筑工地上的车辆、机械和工具等。同时，他们也了解到建筑工地上的各种工人是如何工作的。

暑假的一天，特特和菲菲跟着爸爸来到建筑工地上参观。

　　工地两旁已经有一些楼房盖起来了。菲菲兴奋地说："哇，这么多新盖的楼房呀！"

　　特特说："那儿还有一座刚刚开始挖坑。"

　　爸爸说："那是在挖地基。你们看，已经挖了一卡车泥土了。"

参观建筑工地

建筑工地上的人们都在干什么

　　建筑工地上有很多的工人，他们有的在搬沉重的砖瓦，有的在推装满沙石的手推车，有的在砌砖瓦，有的则在开工地上用的各种车辆和机器。

拆除废弃的房子

　　废弃的房子要先拆除、清理干净建筑垃圾、铲平地面，然后再盖新的楼房。

拆除废弃的房子

这里要建一座商场大楼，先要把废弃的房子拆掉。

"嗡嗡嗡嗡"，很多机器在运转。

"叮叮当当"，建筑工人们在忙碌地工作。

特特说："建筑工地上好热闹呀！"

"这是在干什么？"菲菲指着两辆机械车和一群正在忙碌的建筑工人问道。

"这是在用混凝土浇筑地下室的地面。"爸爸说，"前面的是混凝土泵车，后面的是混凝土搅拌车。混凝土泵车将混凝土搅拌车准备好的混凝土输送到地面上，建筑工人们再将这些混凝土铺均匀，地面就铺好了。"

混凝土浇筑地面

混凝土是什么

将水泥、砂、石子与水按一定比例配合、搅拌均匀，就是混凝土。混凝土在潮湿状态下具有可塑性；晾干、凝固后能胶合在一起，形成坚固的整体。

塔吊将建筑材料运到高处

塔吊是一种大型的起重机，它可以帮助工人搬运施工用的钢筋、木材、混凝土、钢管等建筑材料，是工地上必不可少的设备。

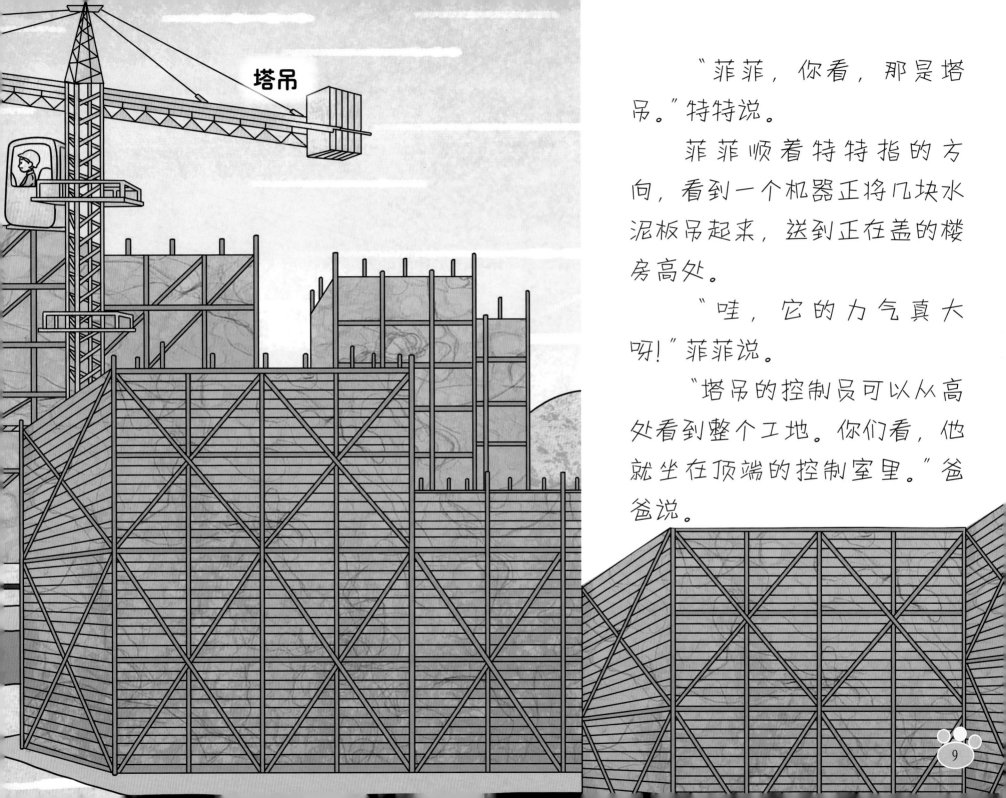

塔吊

"菲菲，你看，那是塔吊。"特特说。

菲菲顺着特特指的方向，看到一个机器正将几块水泥板吊起来，送到正在盖的楼房高处。

"哇，它的力气真大呀!"菲菲说。

"塔吊的控制员可以从高处看到整个工地。你们看，他就坐在顶端的控制室里。"爸爸说。

"工地两旁的公路快铺好了。"爸爸指着一架起重机说:"你们看,起重机吊下来一根混凝土直梁,你们知道这是做什么用的吗?"

"是用来做桥面的吗?"特特不确定地问。

"是用来做桥面的吗?"菲菲学着哥哥的口气说道。

"跟屁虫!学我说话。"特特不满意地说。

菲菲朝特特吐了吐舌头,扮了个鬼脸。

爸爸笑着说:"是的。"

正在铺设的公路和桥

桥是怎么建成的

建造桥的第一步是先用旋挖机在地面上打好孔,然后在孔里面放入钢筋骨架,再浇筑上混凝土,这样,桥墩的地基就建好了。接下来,继续向上焊接钢筋骨架、浇筑混凝土,桥墩就建好了。最后,用起重机将一些混凝土直梁搭在桥墩上,并在上面均匀地铺一层混凝土或沥青,这样,桥就建成了。

如何修建公路

开辟一条新的公路，需要先将路上的杂草、碎石等清理干净。然后，开始挖路基，并用路拌机将石头和土块旋碎摊平，再让轧路机碾压几次，这样，路基就打好了。接下来，再在上面均匀地铺一层混凝土或沥青，公路就修建好了。

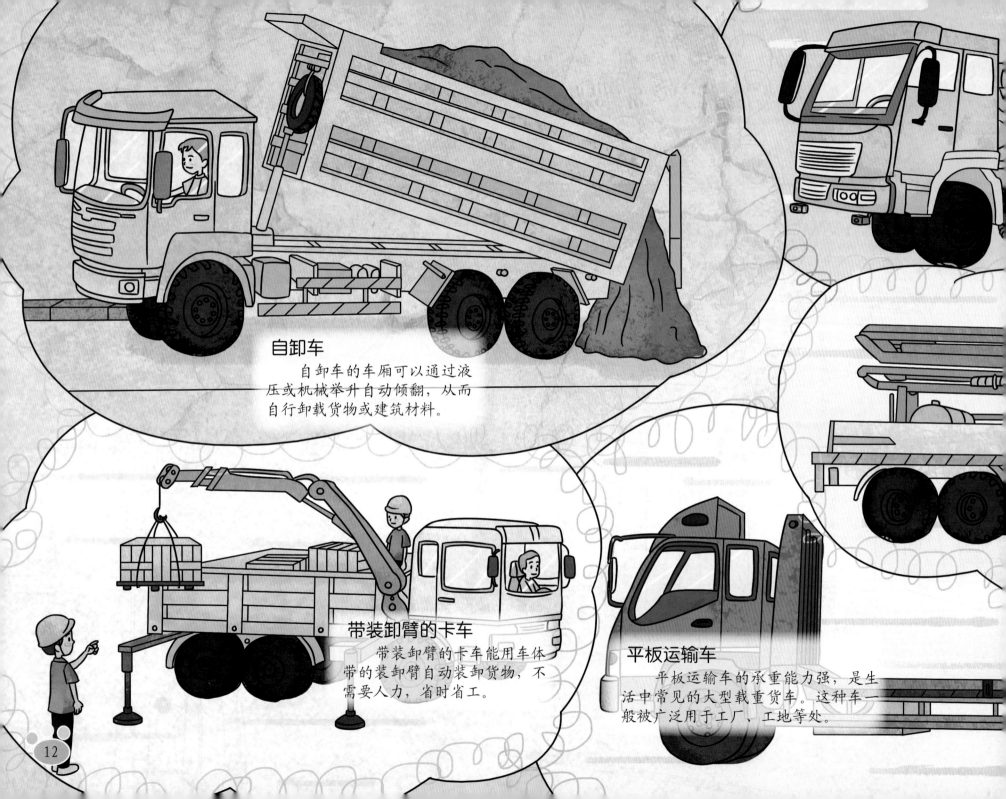

自卸车

　　自卸车的车厢可以通过液压或机械举升自动倾翻，从而自行卸载货物或建筑材料。

带装卸臂的卡车

　　带装卸臂的卡车能用车体带的装卸臂自动装卸货物，不需要人力，省时省工。

平板运输车

　　平板运输车的承重能力强，是生活中常见的大型载重货车。这种车一般被广泛用于工厂、工地等处。

建筑工地上的车辆

混凝土搅拌车

混凝土搅拌车用来运送建筑用的混凝土，车上都装有圆筒型的搅拌筒。在运输过程中，搅拌筒会始终保持转动，以保证所运载的混凝土不会凝固。

混凝土泵车

混凝土泵车是利用压力将混凝土沿管道送到一定的高度和距离的机械。

"咔嚓咔嚓"，一辆平板载重货车载着两辆轧路机从特特、菲菲和爸爸身旁经过。

特特问："爸爸，建筑工地上会用到哪些车呢？"

"推土机、混凝土搅拌车、带装卸臂的卡车……我们一边参观，一边介绍吧。"

说着，爸爸带特特和菲菲去参观工地上的各种车辆。

"建筑工地上还有很多机器。你们看，这是推土机，那是起重机，还有挖掘机……"

爸爸一边带特特和菲菲参观，一边给他们讲解每种机器的用途。

"太壮观了！"特特说。

建筑工地上的机器

推土机

推土机的前方装有大型的金属推土刀，使用时放下推土刀，向前铲、削、推送泥沙及碎砖、石块等。推土机能单独完成挖土、运土和卸土工作。

摊铺机

摊铺机是路面施工的机械，主要用于修建公路的基层和面层时将各种材料摊铺均匀。

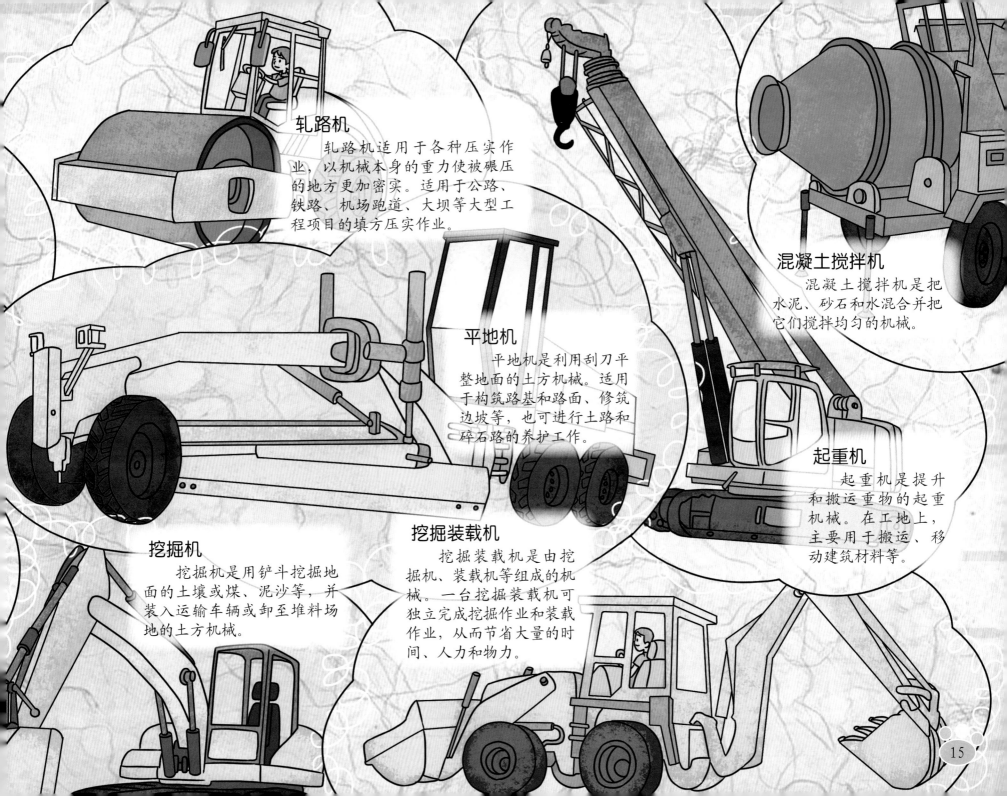

轧路机

轧路机适用于各种压实作业，以机械本身的重力使被碾压的地方更加密实。适用于公路、铁路、机场跑道、大坝等大型工程项目的填方压实作业。

混凝土搅拌机

混凝土搅拌机是把水泥、砂石和水混合并把它们搅拌均匀的机械。

平地机

平地机是利用刮刀平整地面的土方机械。适用于构筑路基和路面、修筑边坡等，也可进行土路和碎石路的养护工作。

起重机

起重机是提升和搬运重物的起重机械。在工地上，主要用于搬运、移动建筑材料等。

挖掘机

挖掘机是用铲斗挖掘地面的土壤或煤、泥沙等，并装入运输车辆或卸至堆料场地的土方机械。

挖掘装载机

挖掘装载机是由挖掘机、装载机等组成的机械。一台挖掘装载机可独立完成挖掘作业和装载作业，从而节省大量的时间、人力和物力。

橡皮锤

木工锤

方瓦刀

瓦刀

锻工锤

瓦工锤

三角瓦刀

锤子

折叠梯

切割锯

电缆卷筒

海绵擦

折尺

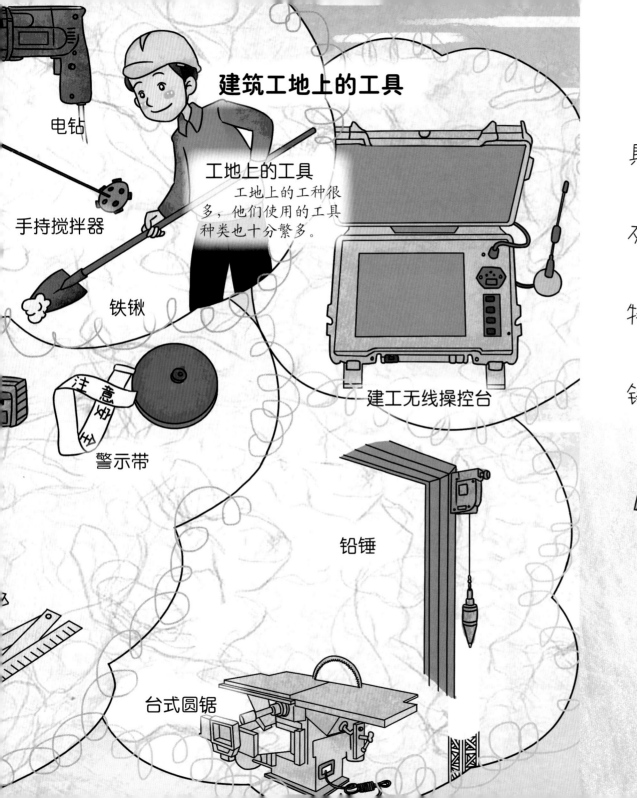

建筑工地上的工具

电钻

手持搅拌器

铁锹

工地上的工具

工地上的工种很多，他们使用的工具种类也十分繁多。

警示带

建工无线操控台

铅锤

台式圆锯

"这是什么？"

菲菲在地上捡到一个工具，举起来给爸爸看。

"这是瓦刀，是涂抹泥灰的一种工具。"

"这些是什么工具呢？"特特指着一堆工具问。

"这是铅锤，那是橡皮锤……"

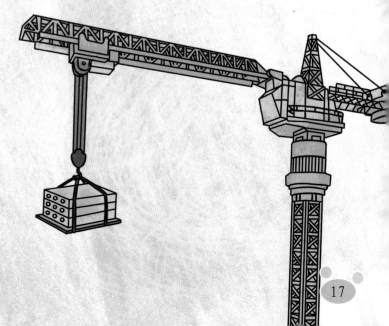

"爸爸，那个叔叔在做什么?"菲菲指着被绳索吊在半空的一个工人叔叔问道。

"那个叔叔是抹灰工，他正在给外墙涂抹水泥。"

"建筑工地上的工人还分工吗?"特特问，"都有哪些分工呢?"

"当然要分工啦，不然没有秩序呀!"爸爸说，"工地上的工种很多，如砖瓦工、电工……"

建筑工地上的工人

工程师

工程师负责设计房子的图纸、制订盖房子的计划。他们也监督整个盖房子的过程。

木工

现在建筑木工的主要工作是支、拆混凝土模板。根据工程的不同，可能会遇到安装木制门窗的工作。

管道工

管道工主要负责给屋子里安装送水管和排水管等。

砖瓦工

砖瓦工的主要工作是把砖一块一块地砌起来修建墙壁。

电工

电工负责给屋子里安装电线、分线盒、保险盒、开关等。

油漆工

油漆工的主要工作是用涂料喷刷房子的墙壁，用油漆涂刷护栏、楼梯扶手、门窗等。

电焊工

在工地上，电焊工主要负责焊接钢筋骨架、围墙护栏等工作。

木工

木工主要负责吊顶、铺木地板，以及安装门、窗等工作。

泥水工

泥水工主要负责给墙壁涂抹水泥的工作。他们会将墙壁弄得光滑、洁净。

铺砖工

铺砖工主要负责给浴室和厨房的地面铺瓷砖的工作。

装修房子的工匠

水暖工
水暖工主要负责安装暖气设备。

壁纸裱糊工
壁纸裱糊工主要负责给房子里的墙面粘贴壁纸等工作。

"房子里面还有很多装修的工匠呢!"爸爸说,"我们一起去看看吧!"

"太好了!"特特大声说。

"哎呀!"

菲菲差点被脚下的碎砖绊倒,特特赶紧拉住她。

爸爸说:"千万要注意安全哦!"

"你们知道很久以前的人们住在什么样的房子里吗？"爸爸问特特和菲菲。

"住在……"

"我知道，住在草房子里。《三只小猪》里的一只小猪就住在草房子里。"特特还没说完，菲菲就抢着说道。

特特想到外婆家的村庄里有很多废弃的土坯房，便说："是土坯房吗？"

爸爸说："最早的人类是住在山洞里的。后来才有了草房子、木房子和土坯房、砖瓦房。"

从洞穴到房屋

山洞

草棚子

从洞穴到房屋

　　人类建造房屋的历史已经有几千年了。早期的人类是住在天然形成的山洞里，虽然简陋但这与露天环境比起来已经是一个进步了。后来，人们开始用树枝、树叶和干草等来做建造材料搭建棚子和茅草屋等。再后来，人们开始用木材和黏土搭建木房子、土坯房等。如今，人们已经会用石头、砖瓦及混凝土造房子了。

木房子

土坯房

混凝土浇筑的楼房

砖瓦房

茅草屋

23

设计和测量

在盖房子前，先要请设计师设计出建造房子的图纸，还需要在工地上进行测量和做标记。

怎样盖房子——设计、测量

"哦，是住在山洞里呀！"特特说，"爸爸，那这样的楼房是怎么盖起来的呢？"

"盖房子的第一步就是设计图纸，然后再在工地上测量和做标记。"

"接下来，就开始挖地基了。"

菲菲问："是用挖掘机挖吗？"

"对呀！"爸爸回答。

怎样盖房子——挖地基

地基

　　地基指的是建筑物地面以下部分，它承受着整个建筑物全部重量。现在大型的建筑都用挖掘机来挖地基，以节省人力和时间。

混凝土浇筑地面

用混凝土搅拌车和混凝土泵车给地基和地下室的地面铺上混凝土。

怎样盖房子——铺设管道、浇筑地面

铺设预埋套管

管道工在地下铺设好预埋套管，以便后期安装水、电和燃气等各种管道。

"然后，就是给挖好的地基里浇筑混凝土吗？"特特问。

"对，把混凝土浇筑进挖好的地基里，这样会让房子更稳固。不过，在地基里浇筑混凝土之前，管道工先要在地下铺设好预埋套管，以便后期安装各种管道，还要让钢筋工搭建好让地基更坚固的钢筋。"

特特接着问："打好地基后，该做什么了呢？"

"打好地基后，接下来要做的就是用钢筋搭建房子的骨架，然后用水泥浇筑起房子的框架。"爸爸回答道。

"为什么要用钢筋呢？"菲菲问。

"是为了让房子更结实呀！"爸爸回答。

怎样盖房子——钢筋搭建房子的骨架

钢筋骨架

纵横交错的钢筋骨架就像人的骨骼一样，对房子起支撑作用。

建起四面的墙

砖瓦工根据图纸建起四面的墙，并留出门窗的空位。

怎样盖房子——建起四面的墙

"搭建好房子的骨架后，就开始建房子四面的围墙了。"

菲菲问："建好围墙后，房子就盖好了吧？"

爸爸摇摇头说："还没有，你想想房子还缺少什么呢？"

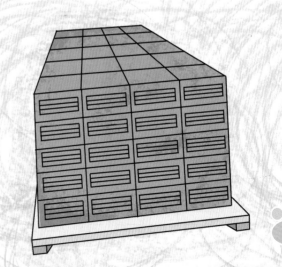

菲菲想不出来，摇了摇头，说："不知道。"

"是屋顶呀！"特特说，"没有屋顶，下雨不就淋到你了吗？"

"对呀，对呀！"菲菲说道，然后转过头问爸爸："接下来，就开始搭建屋顶了吧？"

爸爸笑着说："答对了！"

怎样盖房子——搭建房子的屋顶

搭建屋顶

　　房屋主体结构完工后就开始搭建屋顶了。屋顶有很多层，如找平层、防水层、保温层、保护层等。

菲菲继续问："搭好屋顶后还要干什么呢？"

爸爸说："还要把房子里面铺上地板，粉刷墙壁，并安装上浴盆等东西。"

"然后，人们就可以搬进新房了啦！"特特说，"等我们搬新房的时候，要把我的玩具盒子也带进来。"

"我的小布兔子也要住进来！"菲菲高兴地喊。

怎样盖房子——给房子里面做装修

装修房屋

房屋建好后，里面还需要装修一下才能住人。如给屋子里的墙面贴上壁纸或刷上油漆，给天花板吊顶，给地面铺上瓷砖或木地板，安装上灯、浴盆、马桶等设备。装修完工后，人们就可以搬进家具、家电入住啦！

编绘制作：

安城娜　赵春秀　靳学涛　王建勋　刘　景　刘　贺　葛美娜　靳学斌　卞兰芝　王洪芬

图书在版编目(CIP)数据

热闹的建筑工地 ／ 安城娜主编. 一北京 ： 金盾出版社, 2015.1
　　（孩子喜欢看的百科故事）
　　ISBN 978-7-5082-9776-7

Ⅰ. ①热… Ⅱ. ①安… Ⅲ. ①建筑工程－儿童读物 Ⅳ. ①TU-49

中国版本图书馆CIP数据核字(2014)第246626号

金盾出版社出版、总发行
北京市太平路 5 号(地铁万寿路站往南)
邮政编码：100036　电话：68214039　83219215
传真：68276683　网址：www.jdcbs.cn
北京印刷一厂印刷、装订
各地新华书店经销
开本：889×1194　1/16　印张：2.5
2015 年 1 月第 1 版第 1 次印刷
印数：1 ～ 5 000 册　定价：15.00 元